中国 20 世纪建筑遗产项目·文化系列

U0176904

世界的当代建筑经典
深圳国贸大厦建设印记

The World's Contemporary Architectural Classics
The Construction Imprint of Shenzhen International Trade Centre Building

中南建筑设计院股份有限公司
中国文物学会 20 世纪建筑遗产委员会　编

天津大学出版社
TIANJIN UNIVERSITY PRESS

图书在版编目（CIP）数据

世界的当代建筑经典 ：深圳国贸大厦建设印记 ：汉、英 ／ 中南
建筑设计院股份有限公司，中国文物学会20世纪建筑遗产委员会编 .
-- 天津 ：天津大学出版社 ,2022.5
中国20世纪建筑遗产项目 . 文化系列
ISBN 978-7-5618-7181-2

Ⅰ . ①世… Ⅱ . ①中… ②中… Ⅲ . ①高层建筑－介绍－深圳
－汉、英 Ⅳ . ① TU97

中国版本图书馆 CIP 数据核字（2022）第 085380 号

图书策划：金　磊
图书组稿：韩振平工作室
责任编辑：朱玉红
装帧设计：朱有恒

SHIJIE DE DANGDAI JIANZHU JINGDIAN   SHENZHEN GUOMAO DASHA
JIANSHE YINJI

出版发行　天津大学出版社
地　　址　天津市卫津路 92 号天津大学内（邮编：300072）
电　　话　发行部：022-27403647
网　　址　www.tjupress.com.cn
印　　刷　北京华联印刷有限公司
经　　销　全国各地新华书店
开　　本　165mm×230mm
印　　张　7.5
字　　数　99 千
版　　次　2022 年 5 月第 1 版
印　　次　2022 年 5 月第 1 次
定　　价　78.00 元

谨以此书致敬

为中国改革开放的时代地标——深圳国贸大厦
贡献智慧的奋斗者们

致辞　SPEECH

/ 单霁翔
/Shan Jixiang

　　深圳是改革开放后党和人民一手缔造的崭新城市，是中国特色社会主义在一张白纸上的精彩演绎。今天我们在这里研讨的以深圳国贸大厦为代表的项目进入国家"申遗"名录，及深圳市入选国家历史文化名城，正是贯彻总书记讲话精神付诸的遗产保护与传承的创新实践。深圳国贸大厦项目的影响力不仅体现在建筑设计与施工建造上，更给深圳整个城市提振了"精神气"，这种影响力自 20 世纪 80 年代中后期一直延续到今天，所以在深圳市委市政府的支持下，中国文物学会、中国建筑学会在此召开如此有深度的研讨，这么多来自全国各地的院士与大师、著名文博专家所贡献的睿智的思考与建言，它充分说明，在深圳国贸大厦这个思想的策源地诞生了"文化深圳"建设的宝贵财富。

Shenzhen is a brand-new city created by the Communist Party of China(CPC) and the Chinese people since the country's reform and opening up is a brilliant development of socialism with Chinese characteristics on a blank paper. Today, the project represented by Shenzhen International Trade Centre Building that we are discussing here has entered the national "World Heritage" list, and the city of Shenzhen has been selected as a national historical and cultural city. It is the innovative practice of heritage protection and inheritance that implements the spirit of the General Secretary's speech. It is just to carry out the spirit of the General Secretary's speech into the heritage protection and inheritance of the innovative practice.The influence of the Shenzhen International Trade Centre Building project is not only in the architectural design and construction, but also boosts the "spiritual spirit" of the entire city of Shenzhen. This influence has continued from the mid-to-late 1980s to today. With the support of the Chinese Society of Cultural Relics and the Architectural Society of China, such in-depth seminars are held here, and the wise thinking and suggestions contributed by so many academicians and masters from all over the country, as well as famous cultural experts, it fully shows that it is again in Shenzhen International Trade Centre Building, the birthplace of this idea gave birth to the precious wealth of the construction of "Cultural Shenzhen".

摘编自中国文物学会会长单霁翔在 2021 年 5 月 21 日"深圳改革开放建筑遗产与文化城市建设研讨会"上的演讲报告
Excerpted from the speech delivered by Shan Jixiang, President of the Chinese Society of Cultural Relics, at the "Shenzhen Reform and Opening-up Architectural Heritage and Cultural City Construction Seminar" on 21th May, 2021

致辞　SPEECH

/ 修龙
/Xiu Long

　　很高兴参加"深圳改革开放建筑遗产与文化城市建设研讨会"，感到特别有意义的是步入了深圳国贸大厦这样文化地标式的会场。在这里，我联想到 2020 年 10 月，中国建筑学会在深圳市人民政府的支持下举办了"好设计·好营造——推动城乡建设高质量发展"主题学术年会，它所讨论的主题突出了贯彻国家"适用、经济、绿色、美观"的建筑方针，还特别强调了建筑师要肩负起历史人文与艺术审美相结合的责任，尤其不可失掉传承创新的文化自觉。而由中南院设计、中建三局建设的深圳国贸大厦，早在 30 多年前就为全国建筑界树立了设计创新的样板，这种文化精神应代代相传，它特别应成为深圳城市精神与中国建筑创新文化的典范，更希望它能为"文化深圳"的当代发展再立新功。

I am very happy to participate in the "Shenzhen Reform and Opening-up Architectural Heritage and Cultural City Construction Seminar", and it is particularly meaningful to step into a venue like Shenzhen International Trade Centre Building. Here I am reminded that in October 2020, the Architectural Society of China, with the support of the Shenzhen Municipal People's Government, held an academic annual meeting on the theme of "Good Design, Good Construction - Promoting High-quality Development of Urban and Rural Construction", and the topics discussed were prominent. In order to implement the national architectural policy of "applicable, economical, green and beautiful", it also emphasized that architects should shoulder the responsibility of combining history, humanities and artistic aesthetics, especially not to lose the cultural awareness of inheritance and innovation. The Shenzhen International Trade Centre Building, designed by the Central South Institute and constructed by the China Construction Third Engineering Bureau, had set a model for design innovation for the national construction industry more than 30 years ago. The example of the culture of innovation in architecture, in particular, should become a model of Shenzhen's urban spirit and Chinese architectural innovation culture, and it hopes that it should make new contributions to the contemporary development of "Cultural Shenzhen".

摘编自中国建筑学会理事长修龙在 2021 年 5 月 21 日 "深圳改革开放建筑遗产与文化城市建设研讨会" 上的致辞
Excerpted from the speech of Xiu Long, chairman of the Architectural Society of China, at the "Shenzhen Reform and Opening-up Architectural Heritage and Cultural City Construction Seminar" on 21th May, 2021

序
PREFACE

/ 李霆
/Li Ting

　　"建筑是世界的年鉴，当歌曲和传说已经缄默，它依旧还在诉说。"昂然矗立的深圳国贸大厦（以下简称"国贸大厦"），不仅因"三天一层楼"的"深圳速度"而长期为世人乐道，更因其承载的"敢为人先"的改革创新精神，吸引着、激励着来自五湖四海的中国人，创造出一个又一个令世界称赞的奇迹。

"Architecture is the yearbook of the world, and when songs and legends have been silenced, it still tells." The towering Shenzhen International Trade Centre Building (hereinafter referred to as "International Trade Building") is not only popular in the world because of the "Shenzhen speed" of "one floor in three days", but also because of the reform and innovation spirit of "dare to be the first", attracting and inspiring Chinese people from all over the world to create one miracle after another that is praised by the world.

　　自 1985 年建成之后，国贸大厦在长达 10 年的时间内雄居深圳第一高楼的宝座。其顶层的旋转餐厅曾被国务院列为"中华之最——全国最高层旋转餐厅"，先后接待过 600 余名国内外政要。特别是 1992 年 1 月 20 日，改革开放的总设计师邓小平在旋转餐厅发表了视察南方过程中最有分量的讲话，使国贸大厦成为中国改革开放的标志性建筑。

Since its completion in 1985, International Trade Building has been the tallest building in Shenzhen for 10 years. The revolving restaurant on the top floor was once listed by the State Council as "the best in China - the highest revolving restaurant in the country". It has received more than 600 domestic and foreign dignitaries. Especially on 20th January, 1992, Deng Xiaoping, the chief designer of reform and opening up, boarded the revolving restaurant, and during the meeting delivered the most weighty speech in the entire southern tour process, making the International Trade Building to be a landmark building of China's reform and opening up.

　　作为中国第一幢综合性、多功能超高层建筑，国贸大厦之所以被称为中国改革开放的标志性建筑，其中一个重要原因就在于它的设计建造过程和改革开放同频共振，都是摸着石头过河。项目设计从无到有、从低到高，离不开中南建筑设计院（以下简称"中南院"）前辈设计师们的反复摸索、论证，集中体现了他们"敢闯敢试""创新创意""无私奉献"的精神。

As China's first comprehensive and multi-functional super high-rise building, one of the important reasons why International Trade Building is called the landmark building of China's reform and opening up is that its design and construction process resonates at the same frequency as reform and opening up, by trial and error. The project design start from scratch, from low to high, is inseparable from the repeated exploration and demonstration of the senior designers of Central-South Architectural Design Institute (hereinafter referred to as "CSADI"). " It embodies the spirit of "Dare to break and try", "Innovation and creativity"and "Selfless dedication".

　　一是敢闯敢试。在设计定位方面，国贸大厦最初的方案是 38 层，超过 37 层的南京金陵饭店，在层数上成为全国第一。后来它被希望建成 20 年不落后的楼，于是改成 44 层，最终确定建53 层。在项目建设组织模式上，项目在国内首次通过招标竞标的方式组织实施，开启了建设工程招投标模式的先河。

The first is to dare to break and try. In terms of design positioning, the original plan of the International Trade Building is 38 floors, and to surpass the 37 floors of Jinling Hotel Nanjing, becoming the highest on the number of layers in the country. Later, it was hoped to not fall behind for 20 years, so the plan was changed to 44 floors. It was finally determined to be 53 floors. In terms of project construction organization mode, the project was organized and implemented through bid and tender for the first time in China, which opened a precedent for the bidding mode of construction projects.

二是创新创意。在建筑设计方面，建筑方案跟随需求变化不断调整、优化，包括后来闻名全国的旋转餐厅，其建筑方案都经历了增色、补充和完善。设计最终形成的建筑形象立体挺拔。在结构设计方面，国贸大厦为当时全国最高的钢筋混凝土超高层建筑，全国首创的筒中筒的计算程序和方法在实践中使用，并率先被写入深圳地区的设计规范。在机电设计方面，其较早地应用了楼宇自动化与智能控制系统，设计理念充满创造力。

The second is innovation. In terms of architectural design, the architectural plan has been continuously adjusted and optimized following changes in demand, including the revolving restaurant, which was later famous all over the country. The final image of the architecture is stereoscopic and outstanding. In terms of structural design, the International Trade Building was the tallest reinforced concrete super high-rise building in the country at that time. It pioneered the calculation program and method of a tube in tube in the country, and used it in practice and took the lead in writing it into the design specifications in Shenzhen. In the mechanical and electrical design, the building automation and intelligent control system were applied earlier, and the design concept is full of creativity.

三是无私奉献。国贸大厦设计之初，中南院投入 3 个设计室，后来增加到 5 个设计室，举全院之力。设计中大家不讲条件、不计回报，互相支撑，形成合力。同时，设计团队与施工单位精诚合作，创造了国贸大厦提前 1 个月完工的佳绩。中南院顾问总建筑师袁培煌大师在回忆项目设计经历时曾说："如果没有改革开放这么一个前提条件，我们不可能完成这样一个任务。"

The third is selfless dedication. At the beginning of the design of the International Trade Building, there were 3 design studios in the CSADI to participate the projects, and later the number increased to 5, even the strength of the whole hospital to make the effort. In the design, everyone supports each other, regardless of conditions and returns, and forms a joint force. At the same time, the design team cooperated sincerely with the construction unit, and created the achievement that International Trade Building was completed one month ahead of schedule. Master Yuan Peihuang, the consultant chief architect of the CSADI, once said when recalling the project design experience, "If there is no such a prerequisite as reform and opening up, we couldn't complete such a task."

"建筑就像是一本打开的书，从中你能看到一座城市的抱负。"当前，在开启建设中国特色社会主义先行示范区的新阶段，深圳市也步入创建"国家历史文化名城"的新征程。我们相信，弘扬国贸大厦建设过程中积累的宝贵设计精神，将为深圳续写更多"春天的故事"，创造更多让世界刮目相看的奇迹！

"Architecture is like an open book in which you can see the aspirations of a city." At present, at the beginning of a new stage of building a pilot demonstration area of socialism with Chinese characteristics, Shenzhen has also entered a new journey of creating a "national historical and cultural city". We believe that carrying forward the precious design spirit accumulated during the construction International Trade Building will continue to write more "stories of spring" for Shenzhen that will impress the world!

中南建筑设计院董事长、党委书记

全国工程勘察设计大师

编者的话
Editor's Note

/ 杨剑华
/Yang Jianhua

在中国南海之滨，一座高楼巍然耸立，见证着深圳的腾飞，记录着那段春天的故事，成为中国改革开放的符号。它就是深圳国贸大厦，其凭借突出的科技创新、历史文化价值，以及对中国改革开放进程产生的深远影响，2018 年入选"第三批中国 20 世纪建筑遗产名录"。

On the coast of the South China Sea, a tall building stands majestically, witnessing the take-off of Shenzhen, recording the story of spring, and becoming a symbol of China's reform and opening up. It is Shenzhen International Trade Centre Building. With its outstanding technological innovation, historical and cultural value, and far-reaching influence on the process of China's reform and opening up, it was selected into the "Third Batch of China's 20th Century Architectural Heritage List" in 2018.

深圳国贸大厦是创新的产物。它由中南建筑设计院负责设计，是中国第一栋超高层建筑，也是当年的中国第一高楼。今天的中国，超高层建筑已经非常普遍，但在 40 年前，中国还没有超高层建筑设计规范，缺乏超高层建筑设计建造经验。中南建筑设计院的前辈们，一边设计，一边摸索，不断汲取国外超高层建筑的先进经验，拿出了一个总建筑面积 10 万平方米的建筑设计方案，并以此项目为基础编写了中国第一部超高层建筑设计规范，为超高层建筑设计的全国发展提供了坚实的基础。

Shenzhen International Trade Centre Building is a product of innovation. It was designed by CSADI and was the first super high-rise building in China and the tallest building at that time. In today's China, super high-rise buildings are very common, but 40 years ago, there was no super high-rise design specification in China, and there was no experience in the design and construction of super high-rise buildings. The predecessors of CSADI, while designing and exploring, constantly learned from the advanced experience of foreign super high-rise buildings, came up with a plan with a total construction area of 100,000 square meters, and compiled China's first project based on this project. The design specification for super high-rise buildings provides a solid foundation for the national development of super high-rise building design.

深圳国贸大厦是时代的注脚。深圳国贸大厦并非一次设计成型，它由最初的 38 层，改成 44 层，最终确定为 53 层。中南建筑设计院的前辈设计师们与施工单位紧密配合、克难攻坚，边设计、边施工、边修改，就连闻名全国的旋转餐厅也是后来加上去的。深圳国贸大厦的建设创造了"三天一层楼"的纪录，这座高 160 米、共 53 层、总建筑面积 10 万平方米的高楼从 1982 年 10 月动工，至 1985 年 12 月竣工，历时仅 37 个月，"深圳速度"由此扬名天下。1992 年，邓小平在深圳国贸大厦的旋转餐厅发表了重要讲话，掀起了中国新一轮改革开放高潮。深圳国贸大厦与改革开放的历史关联进一步加深，成为中国速度的一个载体。

Shenzhen International Trade Centre Building is a footnote of the times. It is not a one-time design. It was changed from the original 38 floors to 44 floors, and finally determined to be 53 floors. The senior designers of CSADI cooperated closely with the construction enterprise to overcome difficulties, to construct and modify while designing, and even the famous revolving restaurant was added later. The construction of Shenzhen International Trade Centre Building has created a record of "one floor in three days". The tall building with a height of 160 meters, a total of 53 floors and a total construction area of 100,000 square meters started construction in October 1982 and was completed in December 1985. The entire process spent only 37 months. Shenzhen Speed became famous all over the world. In 1992, Deng Xiaoping made a very important speech in the revolving restaurant of Shenzhen International Trade Centre Building, setting off a new round of China's reform and opening up. The historical relationship between Shenzhen International Trade Centre Building and reform and opening up has been further deepened, and it has become a carrier of China's speed.

深圳国贸大厦是精神的丰碑。对于中南建筑设计院，深圳国贸大厦不仅是一个具有重要历史意义的项目，更是一座设计精神的丰碑，不仅刻画着中南院人善于创新、勇于担当的基因，还融入企业发展的血液中，激励着一代代中南院人接续奋斗，不断创造一个又一个辉煌。从全球最大的科技馆——广东科学中心，到中国第一个动漫主题博物馆——中国动漫博物馆，从武汉天河机场 T3 航站楼到亚洲第一、全球第四大货运枢纽机场——顺丰机场，从厦门北站到杭州东站，中南院承接的项目在不断创造着历史。面对 2020 年的疫情，在雷神山医院设计中，中南建筑设计院赓续深圳国贸精神，创造了设计奇迹，书写了"变不可能为可能"的雷神山精神，是中国速度、中国技术、中国力量的当代见证，也是中南院坚持"创新创意 至诚至精"的企业理念的最好呈现。

Shenzhen International Trade Centre Building is a spiritual monument. For CSADI, Shenzhen International Trade Centre Building is not only a project of important historical significance, but also a monument of design spirit. It has inspired generations of CSADI people to continue their struggles and create one brilliance one after another. From the world's largest science and technology museum–Guangdong Science Center, to China's first animation-themed museum–China Comic and Animation Museum; from Wuhan Tianhe Airport Terminal 3 to Asia's first and world's fourth largest cargo hub airport–SF Airport; From Xiamen North Railway Station to Hangzhou East Railway Station, the projects undertaken by CSADI continue to create history. In the face of the epidemic in 2020, in the design of Leishenshan Hospital, CSADI continued the spirit of Shenzhen International Trade Centre Building, created a design miracle, and wrote the Leishenshan spirit of "making the impossible possible". The contemporary testimony of China's power is also the best presentation of the corporate philosophy of "Innovation, creativity, sincerity and refinement" of CSADI.

2021 年是中国共产党成立 100 周年，2022 年值中南建筑设计院迎来建院 70 周年，在中国文物学会、中国建筑学会指导下，由中南建筑设计院与中国文物学会 20 世纪建筑遗产委员会合作出版《世界的当代建筑经典　深圳国贸大厦建设印记》一书，旨在回顾深圳国贸大厦的设计历程，呈现设计的精彩，旨在更好地保护作为 20 世纪建筑遗产的深圳国贸大厦，从而传承并弘扬深圳国贸大厦所彰显的时代精神，向中国共产党百年华诞献礼。

2021 marks the 100th anniversary of the founding of the Communist Party of China, and 2022 marks the 70th anniversary of the Central South Architectural Design Institute. Under the guidance of the Chinese Society of Cultural Relics and the Architectural Society of China, The book *The World's Contemporary Architectural Classics – The Construction Imprint of Shenzhen International Trade Centre Building* will be jointly published by the Central South Architectural Design Institute and the 20th Century Architectural Heritage Committee of the Chinese Cultural Relics Society. The book aims to review the design process and splendid design of Shenzhen International Trade Centre Building, and aims to better protect it as an architectural heritage of the 20th century, so as to inherit and carry forward the spirit of the times demonstrated by the Shenzhen International Trade Centre Building, and present a gift to the centennial birthday of the Communist Party of China.

中南建筑设计院党委副书记、总经理

2021 年 12 月

目录　Contents

每座城市不仅是人们赖以生存之地，更有被记住和被尊重的理由。仅有40年历史的现代城市深圳是一座有态度的城市，这里有沧桑巨变的历史见证，这里有蛇口工业区改革开放"试验田"的春天的故事，更有中华人民共和国第一高楼——深圳国贸大厦写就的篇章和记叙的创新"故事"。

它见证过无数改革开放的"奇迹"——"三天一层楼"的口号从这里响彻全国，成为特区精神的象征；改革开放总设计师邓小平在这里发表了重要讲话，并由此掀起了中国改革开放的第二次浪潮。这里还曾经是中国第一高楼，有中国第一个旋转餐厅，是中国第一个有中央空调制冷的写字楼……多个"第一""之最"被写进历史，令人难忘。

深圳国贸大厦
外立面

一

深圳 —— 一座让人记住的城市

Shenzhen — a city to remember

说到深圳国贸大厦，就要先说到深圳。改革开放 40 多年，深圳从一个南海边陲小镇，飞速发展成为超大城市，其 GDP（国内生产总值）与城市综合水平跃升到全国前列，与北京、上海、广州并列成为公认的中国一线大都市（有"北上广深"之说），甚至跻身全球知名城市之列。

人们都知道深圳是一座因改革开放而迅速发展起来的新兴城市，其实，深圳也有着悠久的历史和文化。

深圳，地名始见史籍于 1410 年（明永乐八年），于清朝初年建墟。当地方言称田野间的水沟为"圳"或"涌"。深圳正因其水泽密布，村落边有一条深水沟而得名。

深圳有着 6 700 多年的人类活动史，1 700 多年的郡县史，600 多年的南头城史、大鹏城史和 300 多年的客家人移民史。

深圳最早为广州府宝安县，在宋朝时期是南方海路贸易的重要枢纽；深圳的前身又曾名为新安县。公元 1573 年，中国明朝政府扩建东莞守御千户基地，建立新安县，并建县治于南头。有 600 多年历史的南头古城，曾是晚清前深港澳地区的政治中心。

1842 年至 1898 年期间，中国清政府与英国相继签订《南京条约》《北京条约》和《展拓香港界址专条》，将香港岛、九龙半岛尖端割让给英国，将新界租借给英国。至此，原属新安县的 3 076 平方千米土地中，有 1 055.61 平方千米脱离其管辖，深圳与香港从此划境分治。

1979 年 1 月，广东省委决定撤销宝安县，设立深圳市。

1979 年 3 月 5 日，国务院批复同意广东省宝安县改设为深圳市，受广东省和惠阳地区双重领导。

1979 年 7 月，中央决定在深圳、珠海、汕头、厦门建立特区。

历史上的深圳

　　1979 年 11 月，中共广东省委决定将深圳市改为地区一级的省辖市。

　　1980 年 8 月 26 日，第五届全国人民代表大会常务委员会第十五次会议通过了由国务院提出的《广东省经济特区条例》，批准在深圳设置经济特区。这一天，被称为"深圳生日"。

　　1981 年 3 月，深圳升格为副省级市，现为国家计划单列市，全国性经济中心城市和国际化城市。市域总面积 1 997.47 平方千米，截至 2020 年 11 月，深圳市常住人口为 1 756.01 万人。

　　时间来到 1979 年。

　　1979 年 4 月 5 日—28 日，中共中央召开工作会议，会上，时任广东省委第一书记、省长习仲勋向邓小平汇报工作时提出，希望中央下放若干权力，允许广东在毗邻港澳的深圳和珠海以及侨乡汕头举办出口加工区，鼓励华侨、港澳同胞和外商投资，以

深圳旧影

曾经的民居

昔日的集镇

推动当地的经济建设进一步发展。

　　1979 年 7 月 15 日，中共中央、国务院批准广东省委、福建省委关于对外经济活动实行特殊政策和灵活措施的两个报告，同意在深圳、珠海、汕头和厦门试办出口特区。

　　1980 年 5 月 16 日，中共中央、国务院批准《关于广东、福建两省会议纪要》，"出口特区"被正式改名为"经济特区"。

　　1980 年 8 月 26 日，第五届全国人民代表大会常务委员会第十五次会议批准《广东省经济特区条例》（后文简称《条例》），深圳、珠海、汕头经济特区诞生。《条例》规定在经济特区实行特殊政策和灵活措施，鼓励外商到经济特区投资办企业，赋予经济特区在改革开放方面更大的自主权。自此，深圳肩负起先行先试、探索开路的历史使命，开启了在改革开放大潮中劈波斩浪的伟大航程。

经过 40 余年的奋斗，深圳出现了百余栋各类标志性建筑和构筑物，它们承载了一代代深圳建设者艰苦创业的记忆，同时成为深圳改革开放精神的重要载体。2019 年，《中共中央国务院关于支持深圳建设中国特色社会主义先行示范区的意见》印发，文件指出"进一步弘扬开放多元、兼容并蓄的城市文化和敢闯敢试、敢为人先、埋头苦干的特区精神"。深圳改革开放的标志性建筑和构筑物是展示特区文化、振奋民族精神、推动改革开放继续深化和前进的珍贵史迹和动力源泉。

"文化深圳"的建设之根当属 1981 年 10 月成立的深圳博物馆。2018 年 11 月深圳改革开放展览馆"大潮起珠江——广东改革开放 40 周年展览"对外开放，2021 年 10 月深圳博物馆新馆被增列为"深圳新时代十大文化设施"建设项目……这是改革开放的窗口、先行示范的前沿，不仅促了进深圳与香港的文化交流，还在粤港澳大湾区文化功能定位中彰显了特殊作用。对建设"文化深圳"而言，深圳有如下文化建设"事件"开展：其一，摸排家底、梳理特征；其二，挖掘内涵，评选当代遗产，如"深圳市第一批改革开放重点城市建筑遗产"于 2021 年 4 月公布（见表 1）；其三，研究、利用并依法保护建筑遗产等。

若对深圳改革开放以来所发生的重要事件进行谱系分析，至少有如下重要"节点"：一，初期开拓，1978—1991 年，以建立经济特区为标志；二，全面推进，1992—2002 年，以 1992年邓小平"南方谈话"为标志；三，综合推进，2003—2012 年，以《中共中央关于完善社会主义市场经济体制若干问题的决定》发布为标志；四，全面深化，2013 年至今，以《中共中央关于全面深化改革若干重大问题的决定》发布为标志。应特别关注，基于"为明天而收藏今天"的理念，深圳不断加大对当代物证资源在内的多样化藏品的征集与利用，于 2020 年成立了由国内 46 家博物馆组成的"改革开放博物馆联盟"，促进"文化深圳"建设。

表 1　深圳市第一批改革开放重点城市建筑遗产（2021 年 4 月公布）

序号	辖区	名称	类型	价值
1	罗湖区	深圳国贸大厦邓公厅及 42 层展厅	公共建筑	1985 年的深圳第一高楼，"三天一层楼"成为享誉中外的"深圳速度"
2		渔民村中心广场及文化长廊	综合型	全国第一个"万元户村"
3		罗湖口岸联检大楼	公共建筑	国家对外开放的门户，连接深圳与香港
4	龙岗区	南岭村村委办公楼	公共建筑	被誉为"中国第一村"
5		南湖酒店外立面及中厅	公共建筑	深圳首家由中国政府评定的五星级酒店
6	南山区	"空谈误国 实干兴邦"标语牌	构筑物	1992 年袁庚在此树立标语牌
7		微波山时间广场	综合型	1979 年改革开放第一炮在此打响；诞生了"时间就是金钱，效率就是生命"的口号
8		大成面粉厂筒仓及磨机厂	工业建筑	招商局的蛇口工业区第一家外资独资企业
9		前海石公园（前海石）	构筑物	2010 年，"前海"二字具有特殊意义
10	盐田区	沙头角保税区"1 栋"建筑	综合型	1988 年，该保税区被誉为"中国大陆第一个保税区"

二

深圳国贸大厦传承改革开放精神

Shenzhen International Trade Centre Building
inherits the spirit of reform and opening up

建设缘起

1979 年 7 月，沉睡上百年的蛇口，被震耳欲聋的开山填海的炮声炸醒，一个崭新的外向型工业区在这里诞生。这既是蛇口工业区基础工程正式破土动工的第一炮，也是中国改革开放和深圳特区建设的第一炮。

在这之后，80 多万平方米的罗湖山被夷为平地，低洼处被填高了几米，昔日的低洼泽国变成了车流穿梭、高楼大厦林立的新城。罗湖小区的开发建设，纵贯深圳东西的深南大道的顺利建成……这些都为特区建设创造了一个良好的投资环境，罗湖也由此成为中国改革开放的旗帜性城区，深南大道至今仍被视为深圳的"长安街"。

到深圳去，那里是待开发的热土，那里是中国未来发展的希望，那里蕴藏着未来和财富。

全国许多地方，从政府部门、银行，到进出口贸易公司等……纷纷派出机构和人员来到深圳，人们在这里看到了生机，看到了发展，而解决这些机构和人员的工作地点及场所的设置问题，成

记忆中的街巷

1979 年以前的罗湖是一片山区，国贸大厦所在地段原是一片水稻田

深圳市革命委员会办公室文件

为当时深圳有关部门面临的一件大事。

1981 年 4 月 4 日，深圳市革命委员会办公室以"深革办〔1981〕20 号文件"的形式，发出《关于召开"深圳国际贸易中心大厦"筹建会议的通知》，内容如下。

国务院各部、各省市、自治区 人民政府办公厅：

我市二月一日发出关于统一筹建"深圳国际贸易中心大厦"有关事项之函后，已陆续收到参加投资建设单位的回复，并有部分单位汇来订金，要求尽快设计、施工、建成使用。为此，我们决定于五月六日召开深圳"国际贸易中心大厦"筹建会议，时间三至五天。会议内容，主要审查设计方案，正式签订订购合同。请订购单位于五月五日派一名负责同志到深圳市委新园招待所报到。各项费用由参加人员自负。

谨此函告，并望电复，以便安排。

上述文件是编者见到的有关建设深圳国贸大厦时间最早的资料。

1981 年 5 月，国内 37 家集资单位（见表 2）第一次在深圳竹园宾馆召开筹建国贸大厦的会议，同时也开启了当代中国为建设完成公共建筑所开展的最早的众筹机制活动。

表 2　37 家单位一览表

山西省外贸局	广州市物资信托贸易公司	中国工商银行深圳分行
中国北方公司深圳公司	中国农业银行深圳分行	中国邮电器材总公司深圳公司
中国冶金进出口公司	中国航空技术进出口公司广州分公司	中国教育服务中心
中国船舶工业公司	中国精机进出口公司深圳分公司	内蒙古自治区外贸局
化学工业部外事局	甘肃省人民政府	北京市进出口委员会
四川省驻广州外贸办事处	辽宁省人民政府驻深办事处	吉林省对外贸易局
机械工业部中国机械设备进出口总公司	江西省对外贸易局	江西省进出口管理委员会
汕头地区行政公署	安徽省贸易局	佛山地区行政公署
河北省对外贸易局	河南外贸局驻深办事处	建材部珠江建材企业公司
贵州省人民政府	海军南海舰队	惠阳地区行政公署驻深办事处
黑龙江省对外贸易局广州办事处	湛江地区外经委	湖北省对外贸易局深圳办事处
湖南省对外贸易局广州办事处	韶关地区行政公署	肇庆地区对外经委
燕京科学技术服务公司		

被载入史册的竹园宾馆

这么多家机构，各自掏钱，共同投资，为自家在深圳建设一处供自己使用的房子，在 40 年多前的社会经济大环境中能够做出这样的决策，可见各家机构的决策者都拥有相当的胆识和魄力；同时也表明，他们对改革开放充满信心，对国家繁荣充满希望；他们看好深圳的发展和未来，坚信深圳一定能够取得很好的成绩。他们为自己的未来投入资金，同时也投入了对未来的期盼、对深圳未来发展的信心。

据此，1981 年 6 月 2 日，深圳市计划委员会以"深计〔1981〕69 号文件"的形式，发出关于建设深圳国际贸易中心大厦的通知，内容如下。

深圳市物业发展公司、深圳国际贸易中心大厦筹建办：

　　为中央各部、各省（市）、自治区开展对外贸易提供活动场所，加速深圳经济特区建设，经征得中央各部、各省（市）、自治区意见后，市委研究决定，统一筹建深圳国际贸易中心大厦一座（主楼四十层）。大厦建筑面积 71 700 平方米（包括办公业务主楼 52 786 平方米，展销馆 9 937 平方米，餐厅及厨房 1 475 平方米）。工程总投资控制在 5 830 万元之内，资金由参加筹建的各部门、单位统筹解决。统筹资金一律存入深圳建设银行，统储专用。

　　请按基本建设管理程序，办理有关手续，编制设计任务书，同时抄送我委。要求尽快做好建设前期工作，力争早日开始建设，工程于一九八四年完成。

　　深圳国际贸易中心大厦的建设工作自此正式拉开大幕。

设计竞标

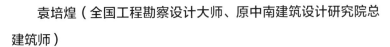

袁培煌（全国工程勘察设计大师、原中南建筑设计研究院总建筑师）

袁培煌

　　1981 年得知深圳要建设国贸大厦，院里非常重视这个工程，组织院里的工程技术人员进行方案创作，之后派 5 位同志带着 3 个方案参加了方案竞标。我当时任院副总建筑师，与院里三室的同志们投入方案创作之中，最终我们的方案成为中标方案。

　　为了表现改革开放的精神，同时这也是深圳现代化城市建

2019 年 5 月 12 日，袁培煌先生探访深圳国贸大厦

设的标志，在建筑艺术表现上，一方面要注意建筑与周边高层建筑之间的互相协调，另一方面要表现出国贸大厦自身独特的个性特征。

深圳国贸大厦也可以说是国内较早进行城市综合体研究的范例，为城市现代化建设进行了有益的探索及研究。深圳国贸大厦的设计吸取了其他建筑设计的经验，得到了多方面的支持和帮助。

深圳国贸大厦是集体创作的成果，院里各部门相互配合、共同努力，为深圳的城市建设，为弘扬改革开放的精神，贡献出我们的智慧和成绩。

樊小卿（原中南建筑设计研究院院长）

樊小卿

　　我学的是建筑结构专业，1978年到中国建筑科学研究院读研究生，主要方向就是建筑空间结构研究。1982年毕业后，我回到中南建筑设计研究院，正好赶上深圳国贸大厦这个项目，很高兴参加到这个项目中。

　　深圳国贸大厦属于超高层建筑，当时只能采用筒中筒结构。这种结构形式当时对我们来说是新的挑战，要求我们边研究边开发，从计算到画图，一步一步往前走。结构设计中需要进行大量的数据计算，我们院当时没有这样的设备，只能到北京中国建筑科学研究院去计算。当时我一个人带着全部资料到了北京，整整搞了一个月的时间才完成。之后我到了工地现场，直到主体工程施工完成后才回到单位。

　　深圳国贸大厦设计完成后，我们进行了认真细致的总结，撰写的学术文章在专业刊物上发表，还参加了学术交流活动，与同行交流设计体会。时任建设部设计院总工程师的陶逸钟对我说："你们的介绍比其他人的介绍要深得多，别人的介绍只是设计理念的说明，你们有许多的数据和实践经验，这一点非常难得。"

　　1981年7月，深圳市人民政府组织深圳国贸大厦设计方案公开竞赛，经过专家评议，中南建筑设计研究院（当时名为湖北工业建筑设计院）中标。

　　当时，中南建筑设计研究院提出了3个投标方案，供有关方面选择。

　　方案一：这是一座整体式建筑，于东南面突出方塔形的主楼，圆形商场位于西北，餐厅临东，以中庭为中心，设置商业服务区，

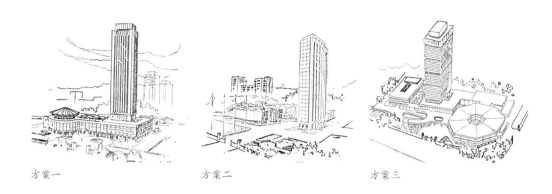

方案一   方案二   方案三

其特点是以办公楼为主，以商业服务为辅，分区明确，联系方便，造型挺拔。

方案二：采用多幢独立式建筑，以廊相连，组成庭院式建筑群体，主楼与展销厅均采用梭形，群体高低错落，形式活泼，空间有变化。

方案三：布局相对分散，长方形主楼位于地段的中部，八角形展销厅设于西南沿街，餐厅及商业服务位于两者之间，以门厅为中心枢纽，采用斜道立交，设多层式车库。

最终中标的为方案一。现在看来，此方案也正是现在应用越来越广的会议、办公、商业综合体解决方案。

方案模型

链接

　　2021年9月23日，中国文物学会20世纪建筑遗产委员会秘书处同中南院科技质量部、院办公室等共同举行了"中南院深圳国贸大厦主要设计人员交流座谈会"。会议由科技质量部部长刘炳清、院办公室主任蔡菁共同主持。会议邀请了深圳国贸大厦当年的结构工程师、中南院原院长樊小卿先生，中南院总建筑师李春舫等人共同回顾了深圳国贸大厦的设计历程。大家针对中国文物学会20世纪建筑遗产委员会秘书处提出的问题做了研讨：为什么深圳国贸大厦这么重要的项目中南院竞标成功，当时设计深圳国贸大厦时建筑师、工程师们是不是具有强烈的改革开放意识；深圳国贸大厦的设计在哪些方面体现国内的创新，而又为什么深圳国贸大厦的作品一直影响着深圳，并在全国产生设计创新的示范作用。樊小卿院长从结构创新设计的角度一一回答了上述问题，他着重强调深圳国贸大厦项目的成功是设计者与施工人员密切合作、共同具备创新理念的产物，缺了哪一方都是不可能成功的。

座谈会现场

创造榜样

深圳国贸大厦位于繁华热闹的罗湖区人民南商圈，楼高 160
米，共 53 层，占地约 2 万平方米，总建筑面积约 10 万平方米；
主体建筑为 53 层的塔式商业办公楼，地面以上 50 层，地面以下
3 层；平面为正方形，塔楼第 2 层以上为办公空间，第 24 层为
避难层和机房，第 49 层为旋转餐厅，塔楼顶部为直升飞机停机坪。

塔楼内筒布置楼梯、电梯、设备机房、卫生间和管井等公用
设施 。 电梯共 12 台，其中 6 台为高速电梯，服务于高层区。塔
楼外筒的北向侧壁另设有 3 台观光电梯，可供人们从底层休息大

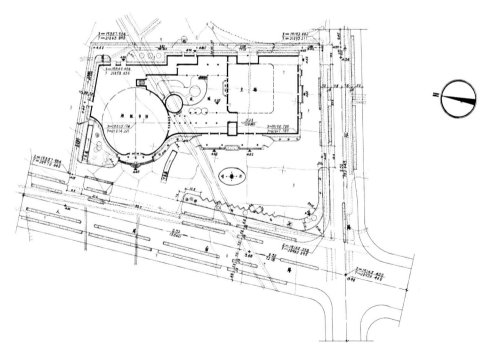

总平面图

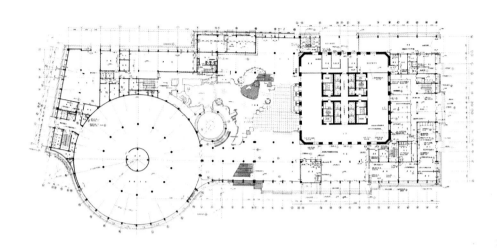

一层平面图

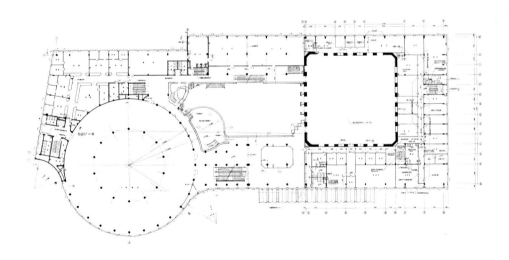

二层平面图

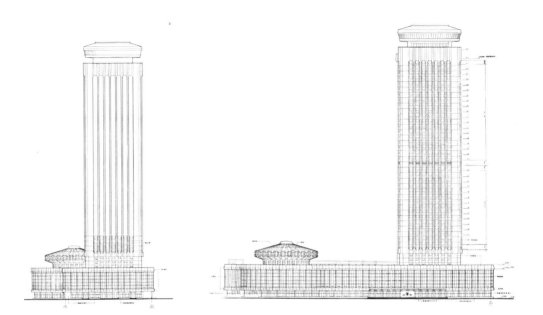

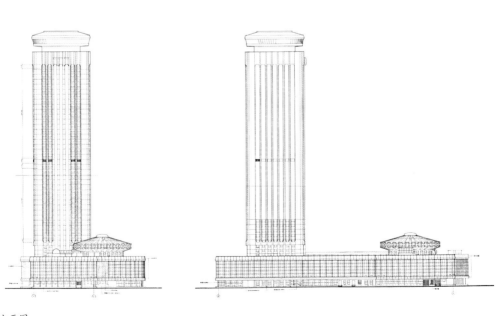

立面图

厅或第 2 、3 、4 层楼乘电梯直达第 42 层转到旋转餐厅就餐。塔楼地下室为设备及管理服务用房 。

大厦内各层设有烟雾报警、自动喷淋系统等消防安全设施，办公楼内每层装有空调、供水供电设施、电信及现代电气设施，所有设备的运行情况均由中控室进行监控 。

裙房部分为 5 层，地面以上 4 层，地下 1 层，地下室设有停车场、机房、地下餐厅等。地上 4 层为超级商场、各式餐厅、咖啡间等。裙房中间为带玻璃顶盖的大空间内庭园，各层围绕庭园用走廊相连，裙房与塔楼 1 ~ 4 层相通。

塔楼全部采用铝合金玻璃幕墙围护，裙房部分采用茶色玻璃，整个大厦的立面造型和空间组合美丽壮观，为深圳特区增添了景色。

中庭现状

建成之初的深圳国贸大厦

裙房局部

裙房南侧幕墙

　　在建筑西侧门厅内设有中庭，此处借鉴国外共享空间的手法，中庭顶部设有采光、通风的天蓝色玻璃顶，形成具有浓厚生活气息的庭院，这里既是人流往来汇集的场所，也能起到室内外气候调节的作用。

建成之初的中庭

原中庭内的音乐喷泉

　　中庭原设有随着音乐变化而喷射出不同形式水柱的音乐喷泉，使整个中庭空间充满了生机（现改建为购物中心）。

　　观光电梯的设置既满足了建筑的使用功能，又为客人观赏深圳的城市景观提供了一处非常好的场所，这在当时的深圳乃

至中国都属罕见。从旋转餐厅可以看到香港，这里也是瞭望深
圳市容的绝佳之地，人们在这里可以边品尝美食，边欣赏深圳
的城市美景。

改造后的中庭成为购物中心

○ 建筑表现与环境

　　国贸大厦位于罗湖商业区高层建筑林立的中心地带，周边均为高层建筑，建筑要既能体现现代化要求，又具有一定中国建筑艺术传统特色，从而使形成的新建筑形式能够体现出新时代精神。

购物中心现状（组图）

人视角度下的深圳国贸大厦

　　由于国贸大厦代表着我国外贸的总汇，其规模是最大的，又是我国自行设计、自行施工的一幢新型写字楼，其有着重大的政治意义和经济意义。因而，在总体布局中，在环境关系和社会关系中要显示出国贸大厦的特征，使国贸大厦成为该区域建筑群的主体、城市的标志。这是设计构思的主要考虑因素之一。

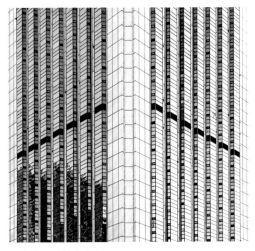

主楼外立面构造局部

　　设计方案在梯形地段布置近 10 万平方米的建筑面积，充分发挥用地效益，并考虑到大厦的环境关系，使建筑物得到布局合理和主体突出的效果。因此，将建筑物尽量向东侧和北侧靠，力求使人民南路与嘉宾路两侧留出较多的集中空地做宽敞的交通入口和庭院绿化。

　　将高层主楼靠东南一角，既满足了两个入境口岸主干道得到对景的要求，又与邻近的高层建筑保持较大的距离，使主体突出。圆形购物商场靠人民南路，便于人流、车流得到合理组织，使交通畅通。在西面和南面适当留出场地，布置庭院、绿化、喷水池及雕塑等，并留出部分场地作为地面临时停车场。

　　大厦主要出入口和地下车库入口均设在人民南路一侧，为了避免主要出入口车辆过分集中，在嘉宾路一侧另设一个办公楼次要出入口。购物商场职工出入口与厨房装卸出入口分别设在北侧和东侧，以利于交通运输。

　　在建筑形式上，主楼采用突出的垂直条形的茶色隔热玻璃铝窗，与裙楼三层高的大片茶色玻璃幕墙形成强烈对比，外墙镶嵌银白色铅板，更显挺拔宏伟，形成高耸突出的主体，犹如交响乐章，展现出具有强烈艺术感染力的响亮主调，反映清新明朗、奋发图强的社会主义新时代的精神面貌。在水平横向、亲切舒展的椭圆形裙楼基础上，竖立起垂直高耸的方形塔楼，一方一圆，一高一矮，既是对比，又是对话，形成简洁明快的艺术造型。

　　裙楼的水平大片玻璃幕墙衬托出光亮的磨光花岗石墙面和重点装饰，增加了商业气氛，体现出实行"对外开放，对内搞活"政策的繁荣景象。160 米高的主楼与近 150 米长的四层弧形裙楼构成垂直体量与水平体量的均衡，同时产生强烈的高低对比，并

在入口处仰视主楼

裙房与主楼

外立面幕墙局部

裙房与主楼幕墙

电梯厅

起到互相衬托的作用。主楼顶部的圆形旋转餐厅与裙楼舞厅突出的圆形伞状盖顶遥相呼应，彼此协调，相映成趣，增添了活跃气氛。

在整体统一协调的基础上，建筑师运用了韵律的艺术处理手法，主楼采用突出折线八字形的竖向窗，通过光影变化，产生具有韵律、节奏丰富的立面效果。设计运用了体量权衡的方式，采用大与小、高与低、圆与方、竖与横等形态对比，在色彩和光影上采用明与暗、冷与暖、刚与柔等视感比较，在装修艺术上采用重点与一般、呼应与对比、韵律与独特等处理手法，均取得良好的艺术效果。

建筑师从建筑的自然环境、建筑环境、社会环境和空间感受等客观条件出发，经过形象思维、造型推敲，从而构思了能够满足人们精神功能要求的外部空间形式。这是一个内容与形式得到辩证统一，使用功能与精神功能取得辩证统一的全过程。深圳国贸大厦的艺术形象设计构思，正是从它的建筑功能与环境特征的辩证分析中进行的。

○ 功能分区与交通

国贸大厦是一幢集工作、生活、休息等多功能为一体的综合写字楼，包括办公、商业、饮食 3 个主要组成分区，在使用功能上既应有中国特色，也要考虑到外商的工作条件和生活习惯；布置要分区明确，又要内部联系方便，形成一个有机联系的建筑整体，发挥多种业务综合性经营的经济效益。

3 个主要分区和交通、休息场地的功能分区关系明确，不同空间相互穿插，如在业务办公与购物中心之间就宜设洽谈室、会议室等辅助用房。人流交通系统、休息场地与各主要组成部分有

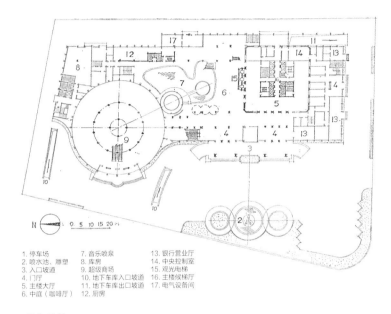

1. 停车场   7. 音乐喷泉   13. 银行营业厅
2. 喷水池、雕塑   8. 库房   14. 中央控制室
3. 入口坡道   9. 超级商场   15. 观光电梯
4. 门厅   10. 地下车库入口坡道   16. 主楼候梯厅
5. 主楼大厅   11. 地下车库出口坡道   17. 电气设备间
6. 中庭（咖啡厅）   12. 厨房

一层平面图

着密切关系，犹如人的躯体与血液循环系统之间的关系。

中庭位于建筑的中心位置，贯通 3 个主要分区，巧妙的组织使之成为人流交通的枢纽和游憩中心。垂直交通点的布局取决于人数和服务半径，水平交通网采用环状布置，使交通方便畅通。

○ 区块分析与布局

在确定功能分区的基础上，结合地形、环境等条件分析各个建筑空间的使用功能及其相互关系，是平面组合布局的初步构想。由于 3 个主要分区各有独特的使用功能，又有内在关系，相互制约，故矛盾的统一过程便是平面组合布局的构思过程。通过对使用功能的分析，建筑师按办公、商业、饮食 3 个主要分区再进行各具体使用功能的组织和协调，并将有关职能管理部门和辅助服务部门纳入管理区。各分区既功能独立，相互之间又有联系，便于综合经营业务的开展。 办公主楼和商业服务用房的布置要考虑灵活分隔，方便出租，同时组织室内外优美的空间环境，以利于人们的休息和游憩，吸引顾客， 所以把中庭放在中心。

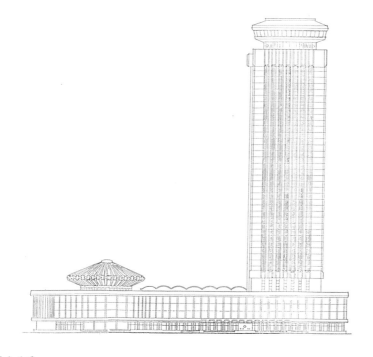

西立面图

避难层

○ 结构形式与实施

本工程塔楼和裙房均采用钢筋混凝土结构。塔楼外筒结构每
边由 6 根排列较密的矩形截面柱子与每层的矩形截面窗裙梁连接。
同时，结合建筑立面造型的需要，外筒四角布置了刚度很大的"L"
形角柱，外筒顶部布置了高达 6.9 米的圈梁，这两部分实际上构
成了外筒结构的强大边框，是外筒结构的重要组成部分，提高了
结构的抗侧移刚度。外筒在地面以上为 43 层，平面呈正方形。

塔楼内筒结构的墙体布置主要适应电梯井、楼梯、卫生间和
机房、管道竖井等平面布置的需要，形成 17.3 米 × 19.1 米的矩
形平面，在每个方向由 4 片主要墙体贯通构成井格式筒体。

塔楼内、外筒之间采用整浇宽梁、连续板楼面，宽梁截面全部为 500 毫米 ×500 毫米，所有标准层的板厚均为 110 毫米；内筒里的走道板为 110 毫米厚平板，其余为 80 毫米厚平板。这些水平构件作为隔板将内、外筒组合成整体，构成典型的筒中筒结构体系。由于结构与平面在两个主轴方向都对称，形心与刚心相重合，加强了筒中筒结构在水平荷载作用下抗侧力的整体刚度、强度，提高了整体稳定作用。

为了支承上部结构的巨大垂直荷载和传递筒体底部总的水平力，全部墙体和柱子都向下延伸到地下室的底部，并将内筒在地下室的主要纵横墙体都延长，以与外筒柱下的地下墙体相交，形成一个四边封闭的棋盘形平面。同时，为加强在底层和底层以下 2.2 米处楼板平面内的刚度，采用了 400 毫米厚的整浇楼板。

旋转餐厅由内筒的墙体支承，楼板的旋转部分为钢、木平台，平台支承于导轨上，导轨支承于下面悬挑式梁板结构的楼面上。旋转餐厅楼面的外径为 36 米。

裙房工程为一般框架结构，主要柱网为 7.5 米 ×7.5 米方格布置，其柱距为塔楼外筒柱距的 2 倍。

○ 楼宇自动化

深圳国贸大厦的机电控制系统在国内较早实践了楼宇自动化控制。

供电：由两路 10 kV 电源供电，设有高压配电室。大厦配有 5 个变电所、9 台变压器、一台功率为 900 kW 的柴油发动机组作为备用电源，由电脑自控系统控制，能在 10 秒钟内自动切换及启动。

前厅局部

入口处背景墙及雨棚顶部装饰

前厅转角处

弱电：自动电话采用由中央处理机控制的多路 PCM 数字通信方式的全电子交换机，初期容量为 1 500 门，终期可发展到 4 000 门。整栋大厦需要 300 对中继线，可直通国内外多地的长途电话。大厦装有电视共用天线系统，可接收深圳电视台、香港电视台的节目。大厦安装有录像设备，与闭路电视共用，亦可自办电视节目。

照明：主楼办公室采用暗装带形日光灯，公共空间采用进口大型灯饰。建筑立面照明采用射灯照射。建筑顶部的停机坪设有带闪光装置的航标灯和指示灯。事故应急照明装置可在停电时即刻自动投入使用。

广播：平时广播与消防紧急广播共用一套广播设备，火警时

主楼夜景

大会议室（组图）

自动切换到火警广播网。

　　自动监控系统：大厦设有先进的电脑自动控制管理中心，实时监控着大厦各项自动控制管理系统，消防设备系统是通过烟（温）感探测器、自动喷淋的水流信号等各种报警信号传至中控室，显示在荧光屏上，并通过紧急电话通知消防部门，同时对备用电源、事故照明、水泵抽水、楼梯间送排风、电梯控制、紧急电话和广播等进行自动操作和记录，有效地进行灭火和疏散抢救。

监控中心平时监控各项设备的运行，包括空调、通风、供配电、照明、给水排水、共用天线、防盗巡更等系统，设备如出现故障均有信号报警，并在中控室屏幕显示和记录。

在大厦公共空间均设有电视监控，通过中控室保安系统可监控事故发生情况；还设有巡视信号系统，保安巡视人员可按时定点向中控室发信号和进行通话。

○ 空调及通风

深圳国贸大厦的设计也较早考虑了节能系统的使用。

空调系统：深圳国贸大厦采用中央集中空调系统，制冷装机总容量达 3 120 吨。主楼部分除一层采用柜式空调送风、顶层旋转餐厅设风冷式热泵冷水机组送风外，其余均采用风机盘管 + 新风系统。裙房部分空调根据不同使用要求，分别采用低速风管系统及风机盘管 + 新风系统。

冷冻水系统：主楼的冷冻水系统采用垂直分区，第 24 层以上为上区，以下为下区，采用闭式两管同程双流量系统，设一次泵 5 台和两次泵 6 台、冷却水泵 5 台、冷却塔 5 个。

通风系统：地下室机房部分按防火分区分别设机械送风和机械排风系统，卫生间设机械排风系统。

防烟、排烟系统：地下车库按 3 个防火分区设通风系统，平时用于通风，火灾时做排风使用。主楼的防烟疏散楼梯间共设有 2 个正压送风系统，上下区前室共设 4 个正压送风系统和 2 个排烟系统。

设备层 1

裙楼顶部设备

节能与自控：大厦采用自动控制与检测系统，方便管理，节约能源。

深圳国贸大厦之后建设的深圳金融中心大厦、东湖宾馆、新园宾馆、国宾大酒店、深圳大剧院、深圳体育馆、上海宾馆等一大批深圳早期公共建筑，基本上都参照了深圳国贸大厦的空调模式——小空间采用风机盘管＋新风系统，大空间采用全空气低速送风系统。

○ 给水与排水

国贸大厦的生活给水水源为城市自来水。地下室至第 4 层由城市管网直接供水，第 5 至 43 层分 4 个区供水，第 44 层以上单独设一个供水区。

消防装置采用消防栓给水系统、自动喷淋系统和气体固定式自动灭火装置。

设备层2

设备层3

排水采用双管系统，污水、废水及雨水分别排出，1~3层设单独系统排出生活污水。

○ "三天一层楼""深圳速度"的中国经验

创造"三天一层楼""深圳速度"的国贸大厦经验，离不开设计与施工的密切配合，"奇迹"的取得是设计精神与工匠技艺的完美融合。

1982年5月下旬，时任中建三局局长张恩沛等人来到深圳，主持参与深圳金城大厦工程的投标工作。在投标过程中得知深圳国贸大厦地下层施工也要招标，张恩沛当即召集相关人员开会，研究如何同时做好这两个项目的投标工作。

正当抓紧投标时，深圳市基建办副主任丁学保告知，金城、国贸二者只能拿一项，"鱼"和"熊掌"不能兼得。签金城大厦虽然可以多赚一些钱，但做完后企业不会有影响力的提升；国贸大厦虽

张恩沛

2021 年春节前，中建三局主要领导前往深圳看望张恩沛（前排中）

然当时招标的只是地下室，但中建三局的目标不仅仅是地下室，而是全国第一高楼的整个项目。虽说当时参建这一项目赚不了多少钱，但产生的影响不可估量，企业获得的社会效益将是长远的。经过认真分析讨论，大家一致同意张恩沛做出的"舍金城，保国贸"的决定。

中建三局敢于争国贸，一是有高层施工经验，三局在武汉建了 27 层的晴川饭店；二是有高层施工装备，有自升式 140 米 T 形塔吊，可升高至 180 米。总之，讲理论、摆事实，比经验、比设备，目的就是为了拿下这一"世纪工程"。

最终，中建三局凭借在国内首次采用滑模新工艺中标。深圳国贸大厦工程改行政划拨为公开招标，开启了中国建设领域的先河，是建筑市场走向市场经济的标志性事件之一。张恩沛动员、组织全公司力量赶赴深圳，保证打好这一仗。在施工的日日夜夜，参加施工的中建三局人员，始终怀着"如临深渊，如履薄冰"的心境奋战在施工现场。

施工现场的"四个红帽子"

施工现场 1

施工现场 2

施工现场 3

施工现场 4

链接

所谓滑模工艺，是指先用钢结构搭建模板，再往里浇灌水泥，等到水泥大体凝固，再往上提升模板。这种盖楼的方式虽然快，但如此大面积的滑模施工当时在国内尚无先例，因此经历了无数次失败。

从 1983 年 6 月到 10 月，中建三局一直在进行技术攻关，最终研制出国内第一套大面积内外筒整体同步滑模的新工艺，深圳国贸大厦"长高"的速度也越来越快。从第 31 层开始，中建三局持续以 3 天一层的速度盖楼。而当时，香港最快的盖楼速度是 5 天一层，美国是 4 天一层。

媒体刊登介绍深圳国贸大厦建设的宣传报道

国贸大厦主楼施工封顶

国贸大厦封顶

新华社报道

国贸大厦获颁"深圳文化名片"殊荣

国贸大厦竣工验收大会

　　当主体施工遇到挫折时，当时主管基建的罗昌仁副市长给予建设者以很大的鼓励，希望他们克服困难，找出问题，继续前进。滑模工艺实验成功之后，他说："如果你们做不到三天一层，就不要说你们是铁军。"当时香港建了合和中心，66 层高，主体施工是三天一层。合和中心老板胡应湘向罗副市长讲了这件事。罗副市长之所以这样"将军"，就是认为深圳的建筑施工不应输给香港。为此，中建三局重新修订了计划，从多方面做了调整，最终将每层完成的时间稳定在三天一层直至滑模工艺结束。

　　经中央电视台《新闻联播》播报后，"三天一层楼"的"深圳速度"就在全国传开了：1984 年 4 月 30 日，国贸大厦主楼封顶，比预计工期整整提前了 1 个月；1984 年 9 月 3 日，国贸大厦主体工程顺利完成；1985 年 12 月 29 日，深圳国贸大厦竣工。

　　1984 年 3 月 15 日，新华社向全世界发布了一条消息：正在建设中的中国第一高楼深圳国贸大厦主体建设速度创造了"三天一层楼"的新纪录，这是中国高层建筑历史上的奇迹，标志着我国超高层建筑工艺达到了世界先进水平。从此，"三天一层楼"的"深圳速度"享誉中外，成为中国改革开放的代名词，载入了特区建设、中国建设的史册。

　　深圳国贸大厦获评建筑工程鲁班奖，荣获城乡建设环境保护部科技进步奖二等奖、国家科技进步奖三等奖、湖北省科学技术进步奖一等奖、国家优质工程银质奖、中国建筑学会优秀建筑结构设计奖一等奖、建设部优秀勘察设计二等奖、湖北省优秀工程

所获奖项（组图）

国贸大厦英姿

设计一等奖，同时将中国建筑业从能完成一般高层推向超高层建筑的新水平。

　　深圳国贸大厦之所以能创出"三天一层楼"的高速度，是离不开当时的历史条件的，但最核心的当属合理且大胆的设计。建设所需的钢材、水泥全部从香港运来，外汇由市里协调解决，所有现代化装备也全部进口，这都得益于深圳是经济特区的优势。一个重大项目的完成，尤其是高质量、高速度地完成，绝不是靠蛮干。成功首先取决于设计与施工单位严谨的科学态度、周密的方案配合现代化高效率的技术装备支撑，要有勤劳肯干的建设者的奋斗拼搏，更离不开城市管理者的协调和大力支持。孤胆英雄在现代文化名城的建设中是成不了大气候的。

三

塑造现代文化名城的"国贸"智慧

Wisdom of the "International Trade Centre Building" in shaping the modern cultural city

　　本书归纳了深圳国贸大厦创下的城市建设中的多个"第一"：它是中国第一栋超高层建筑，在长达 10 年时间一直占据着"全国第一高楼"的位置；它是中国最早实行招标建设的建筑工程，在国内率先大面积运用滑模施工，创下了举世闻名的"深圳速度"，在设计、施工乃至管理运维上在中国建筑史上都留下了非常重要的一笔。

　　深圳国贸大厦是国内现代化城市建设的开拓者，是改革开放的先锋性建筑。深圳国贸大厦见证了中国改革开放的伟大实践，见证了深圳经济特区的崛起步伐。

　　深圳国贸大厦是中国改革开放的时代符号，是深圳速度的体现，是时代的象征。

国贸大厦夜景

主楼局部

国贸大厦及周边环境

30 年前的国贸大厦及周边环境

　　当年"三天一层楼"的响亮口号从这里传遍全国，成为"深圳速度"的象征和代名词，深圳国贸大厦因此成为深圳改革创新的精神名片，成为展示中国改革开放成就的重要窗口。

　　位于国贸大厦顶层的旋转餐厅，建成时是中国第一家旋转餐厅，也是当时中国最高的餐厅。旋转餐厅直径34米，75分钟转一周，可供400人同时就餐。旋转餐厅吸引着许多用餐的人前来光顾，从开业起就人流不断；许多游客来到深圳，都会慕名前来国贸大厦参观留影，再登临旋转餐厅，或用早茶，或吃正餐，从高处远眺窗外的美景；选择到旋转餐厅举办婚宴的新人也很多，这一情形持续至今。

从旋转餐厅向远处眺望

邓公厅入口处

邓公厅室内

国贸大厦是改革开放的重要印记，1984 年，邓小平同志首次视察深圳时，就曾站在国商大厦的楼顶遥望对面建设中的国贸大厦。

1992 年 1 月 20 日，邓小平同志来到国贸大厦，在旋转餐厅里听取了广东省委和深圳市委主要负责同志的汇报，充分肯定了深圳在改革开放和建设中所取得的成绩。如今走进旋转餐厅，还能看到悬挂着的邓小平同志视察时的照片。邓小平同志当年发表重要谈话的餐厅，也被命名为"邓公厅"。

多年来，多位党和国家领导人先后莅临深圳国贸大厦视察，尼克松、老布什、海部俊树、李光耀、加利、基辛格、杜梅等国际政要先后到访。吴冠中、关山月、赖少其等文化名家也曾到国贸大厦参访并挥毫留念。

据国贸大厦历史陈列馆工作人员介绍，自开业后，深圳国贸

旋转餐厅走廊

旋转餐厅过厅

大厦以其盛名和影响力，先后接待了 600 多位中外政要，成为世界观察中国的一个令人难忘的瞭望之窗。

国贸大厦运营管理单位于 1985 年正式入驻，至今已服务各业主单位 37 年。国贸大厦物业管理处以高质量的运维服务，于 1998 年 4 月荣获全国五一劳动奖先进班组奖状。2011 年，国贸大厦还成为深圳老旧公共建筑节能改造的典型。改造后空调总用电量下降 20%，年节电量 200 万千瓦时，相当于减少碳年排放量 2 000 多吨，减少年标准煤用量 800 多吨，实现了从"深圳速

保持原貌的修复建设（组图）

度"到"深圳质量"的转变。2015 年，该案例被国家财政部预算评审中心提出在全国推广，并获评广东省科技创新二等奖（管理创新类）。

敬畏历史，敬畏文化。深圳用特殊的城市发展"紫线"、文物保护范围线等作为城市"国土空间规划"一张图的强制性规定，构建起"不可移动文物—历史风貌区—历史建筑"的城市文化遗产保护体系，使遗产"活化"利用成为可能，让城市文化治理更精细、更智慧。在此大背景下，尽管深圳国贸大厦经多次提升改造，但室外风貌依旧，其室内曾经进行过不同规模与深度的装修，

国贸大厦与周边景象

国贸大厦历史陈列馆

但主题风格一直保持了原有格调，有些还保持了原来的模样，体现了历史风格与当代风格相得益彰的效果。

2016 年 6 月，深圳国贸大厦荣获"深圳文化名片"称号；2017 年 9 月，入选深圳首批 45 处历史建筑；2018 年，入选第三批中国 20 世纪建筑文化遗产名录。

曾经有一句话说："不到国贸，不算来过深圳。"国贸大厦是深圳的国贸，是全国人民的国贸，也是充满国际味儿的国贸。因为改革开放在这里画下的一笔笔浓墨重彩，使国贸大厦成为许多人心中永远抹不掉的情感记忆。

当时正是改革开放的初期，中国经济刚刚起步，各个方面都处于起步阶段，面对竞争和挑战，广大建设者和科技人员没有退缩，而是迎着困难勇往向前。国贸大厦的建设也塑造了改革开放的国家精神。

现如今，深圳新建了许许多多的高楼大厦，无论是建筑高度还是建筑面积都已经超过国贸大厦，但是谁也不能否认，深圳国贸大厦本身就像一个巨人，因为它是一段历史的印记，是一座城市的地标，是一个时代的符号。

深圳国贸大厦的成功及影响力虽是一个个案，但它的价值是带动了全国建筑设计的改革与创新发展，更给深圳这座城市注入了勃勃生机。以深圳国贸大厦为代表的深圳诸个项目能进入"中国 20 世纪建筑遗产"行列，至少可归纳出五个理由，这五个理由说明了一栋地标建筑与一座城市文化建设的关联性：一，深圳应成为全国"文化城市"创建的先行示范；二，深圳应率先成为被国家"城市更新行动"赋予新内涵的历史文化名城；三，深圳"设计之都"的特点与科技创新将助力更丰富的 20 世纪遗产的出现；四，深圳的"文化城市"建设要以管理政策与法制建设的创新为先；

国贸大厦门前的雕塑

五，深圳的"阅读之城"计划要倾力规划好公众建筑文化教育的
普惠模式，以追求让市民读懂深圳改革开放建筑丰碑的价值。

　　新时代，国贸大厦依旧保持着改革创新的本色和动力，始终
散发着独特的"敢闯"魅力，为"深圳速度"和"深圳质量"做
出自己的诠释，不断将"春天的故事"续写得更加精彩。1979

今日深圳城市现代化建筑景观

年的"春风"孕育了深圳，1992 年的"谈话"推动了深圳。相信不远的将来，粤港澳大湾区的文化建设更将助力深圳发展更加美好的未来。

深圳国贸大厦举办"深圳改革开放建筑遗产与文化城市建设研讨会",桂学文总建筑师回顾大厦建设历程

2021年5月21日,"深圳改革开放建筑遗产与文化城市建设研讨会"在被誉为深圳改革开放纪念碑的标志性建筑——深圳国贸大厦召开。会议在中国文物学会、中国建筑学会支持下,由中共深圳市委组织部、中共深圳市委宣传部、深圳市规划和自然资源局、深圳市文化广电旅游体育局、中共深圳市龙华区委、龙华区人民政府、中国文物学会20世纪建筑遗产委员会主办;由深圳市文物管理办公室、深圳市龙华区文化广电旅游体育局、深圳市土木建筑学会、深圳市勘察设计行业协会、《中国建筑文化遗产》编委会、深圳市物业发展(集团)股份有限公司承办;由中建三局集团有限公司、中南建筑设计院股份有限公司协办。中国文物学会会长单霁翔,中国建筑学会理事长修龙,深圳市政协副主席吴以环,深圳市委副秘书长胡芸,中国工程院院士马国馨、何镜堂,中国建筑学会副理事长赵琦,中国文物学会副会长黄元,龙华区委书记王卫,中建三局副局长罗宏,全国工程勘察设计大师刘景樑、黄星元、周恺、张宇、胡越、倪阳、赵元超、崔彤、陈雄、孙一民、桂学文,国际古迹遗址理事会副主席、中国古迹遗址保护协会副理事长郭旃,中国文物学会副会长、福建省文物局原局长郑国珍,深圳市物业发展(集团)股份有限公司党委书记、董事长刘声向和副总经理陈鸿基等70余位建筑界、文博界及深圳市文保、住建等部门代表与会。会议由中国文物学会20世纪建筑遗产委员会副主任委员、秘书长,中国建筑学会建筑评论学术委员会副理事长金磊主持。

单霁翔　　　吴以环　　　修龙　　　马国馨　　　何镜堂　　　刘景樑

黄星元　　　左肖思　　　郑国珍　　　郭旃　　　桂学文　　　罗宏

陈鸿基　　　张宇　　　宋源　　　廖凯　　　周恺　　　胡越

倪阳　　　赵元超　　　陈雄　　　孙一民　　　崔彤　　　覃力

韩林飞　　　陈日飙　　　金磊

与会专家合影

　　中国建筑学会理事长修龙说，短短 40 载，深圳由一个小渔村蜕变成国际化现代都市，创造了世界工业化、现代化的奇迹，我们尤应关注并研究深圳这个最具当代典型意义的城市发展案例。深圳国贸大厦所代表的深圳 20 世纪建筑遗产，是非常值得我们重视珍惜的历史建筑。深圳的 40 年，已成功地向中外展示了中国 20 世纪建筑遗产作为当代物证资源的作用，大量有创新意义的 20 世纪建筑项目已成为留在公众心目中的纪念碑。

　　中国文物学会会长、故宫博物院原院长单霁翔作为该命题的倡

单霁翔在会议中做报告

导者，发表了"从功能城市走向文化城市"的主题演讲。他强调要
以文化理想、文化精神去总结深圳特区改革开放 40 年的城市建设
成就。他指出，深圳是中国改革开放全方位先行先试的地方，但为
什么并没有为自己高举起一个文化城市建设的名片呢？城市建设是
需要仰望天空的，规划师与建筑师是城市卓越的设计者，他们是最
可能将城市文化精神"落地"的智者。他列举了以色列的特拉维夫、
巴西的巴西利亚、澳大利亚的悉尼歌剧院的"申遗"成功之路，还
盘点了 20 世纪国际知名设计大师赖特、柯布西耶、格罗皮乌斯、
密斯·凡德罗、阿尔托、尼迈耶、伍重等人的作品入选《世界遗产
名录》的情况。

在座谈研讨环节，作为深圳国贸大厦设计方、建设方及管理方
的代表，桂学文大师（代表中南建筑设计院股份有限公司杨剑华总
经理）、罗宏副局长及陈鸿基副总经理分别发言，全面介绍了深圳
国贸大厦的设计、施工与管理的创新经验。与会 20 余位院士大师在
发言中一致肯定了深圳国贸大厦在深圳改革开放中的重要地位，特
别是它的设计经验为中国的建筑创作提供了创新性的样板与指南。

全国工程勘察设计大师、中南建筑设计院股份有限公司首席总
建筑师桂学文在会中代表中南建筑设计院股份有限公司杨剑华总经
理，就当年深圳国贸大厦的设计过程谈了中南设计院的设计贡献，
探讨了深圳国贸大厦项目对全国建筑设计改革开放、凝聚时代精神
和文化基因所起的启蒙与推动作用。作为中国第一栋综合性、多功
能超大型建筑，深圳国贸大厦之所以被称为"中国改革开放的标志
性项目"，有一个重要的原因就在于它的设计建造过程和改革开放
"同频"，探索了一条"摸着石头过河"的设计创新之路。他通过
访谈设计前辈，在回顾项目设计过程中特别总结了几点感受。

第一，敢想敢试的首创精神和持续创新的精神，在深圳国贸大

桂学文在会议中做报告

厦设计中得到了实践，这一方面体现在项目建设定位上，另一方面体现在项目的组织建设模式上。设计定位方面，项目设计并非一次成型，而是不断创作、不断求索的结果。最初国贸大厦的设计方案只是38层，当时已超过中国最高的南京金陵饭店成为全国第一，后来因希望项目建成20年后仍不落后，于是便增至44层，最后确定下来是现在的53层。项目在国内首次按招标、竞标的方式实施，开启了建筑工程招标的新模式。这个已荣获"中国20世纪建筑遗产"的项目，之所以被国内外业界广为推崇，设计从无到有、从低到高，确实离不开中南院前辈建筑师、结构师们的反复摸索论证，也体现了改革开放时深圳各界管理者对设计单位创新、创造、创意精神的支持。在总结中我们发现，其建筑方案跟随需求变化不断地调整优化，包括后来闻名全国的旋转餐厅，最终形成立体、挺拔、端庄的建筑外立面形象。这在当时确实没有更多的可参考的先例和相应的设计标准。比如在结构设计方面，国贸大厦为当时最高的钢筋混凝土超高层建筑，在国内首次采用筒中筒结构，对此全国还没有相应的规范。中南院与兄弟院合作，在全国首创筒中筒的计算程序和方法，并在实践中使用后率先编入深圳地区的设计规范。在机电设计方面，包括给排水系统、中央空调系统、楼宇控制系统、火灾自动报警等设计理念在当时都是领先的。

第二，该项目体现了以中南院为代表的中国建筑师的学习钻研精神、啃硬骨头精神、钉钉子精神、攀登精神和无私奉献与团结互助的协作精神。在缺乏超高层设计及建造经验及相应设计规范的前提下，项目建造过程实际上是边设计、边施工、边修改，再设计、再修改、再施工，不断地往复。设计过程中设计团队千方百计搜集国外以及港台地区的规范，靠经深入分析、研究论证的实验和实践，最终完成了任务。

记得在国贸设计以及之后较长的时间里，桂学文看到中南院的前辈们在节假日、周末不是在新华书店，就是在图书馆、设计室，如饥似渴地学习、吸收新知识、新技能，老一辈的学习钻研劲头非常值得我们学习。中南院汇聚全院的力量来为项目设计，大家不讲条件，不计回报，这种责任感和使命感为项目的顺利推进提供了有利保障，这是改革开放中体现的中南院的奉献精神。

中南院的多位设计师前辈在回忆20世纪80、90年代的项目时表示，如果没有改革开放的前提条件，我们不可能完成这样的任务。在深圳国贸大厦建成以后，中南院又先后承接了深圳贸易广场、深圳贤城大厦等工程的任务，其中贤城大厦再次刷新了深圳建筑的高度，充分展示了中国速度、中国力量、中国技术，中南院进一步凝聚了敢为人先的首创精神。

在新冠肺炎疫情防控阻击战中，中南院勇担国企使命，创造了用十天建成雷神山医院的建筑奇迹，这是对深圳"敢为人先、创新进取"精神的传承。深圳作为国家经济发展的风向标、改革前沿阵地，屹立于世界民族之林。70年来，中南院始终积极融入深圳改革进程中，20世纪80年代成立深圳分院，扎根当地建设，近年来又深入粤港澳大湾区的建设中。面对开启建设中国特色社会主义先行示范区的新阶段，在深圳创建国家历史文化名城的征程上，中南院将更加积极地投身于火热的粤港澳大湾区建设中，弘扬深圳国贸建设中积累的宝贵精神财富，我们有决心用更好的设计书写更多更美好的春天的故事。

对"深圳改革开放建筑遗产与文化城市建设研讨会"，中国工程院院士马国馨从五方面予以总结。其一，对深圳改革开放20世纪遗产的认知要更新传统的历史观，这涉及拥有30~40年历史的优秀建筑遗产该如何认定、如何传承。其二，无论是20世纪建筑"申遗"的国家预备名单申报，还是国家历史文化名城申报，并不等于深圳现在已经具备条件了，尚需一系列基础工作去完成，如深圳城市建筑文博界是否拥有这种遗产新类型的文化认知，是否真正用现当代遗产观去审视自己的经典建筑，是否真正理解改革开放的创新丰碑的价值与作用。其三，深圳改革开放40年的建筑，也许有人并不以为然，但如果历经百年后再回眸，它不仅在社会经济事件上有价值，更会充满20世纪80年代以来的城市建筑与文化艺术意义。其四，对20世纪遗产的认知需要过程与理念的进步，如北京市建筑设计研究院有限公司参与的"北京中轴线申遗"部分文本的编研就涉及对20世纪建筑遗产价值的论证，如天安门广场的现代建筑群，属"国庆十大工程"的人民大会堂、中国革命历史博物馆、毛主席纪念堂、人民英雄纪念碑、天安门观礼台等。所以，20世纪与当代遗产价值体现一种思想、一种精神，需找到可行的路径。其五，深圳的建筑与城市特色，再国际化也不可忘记中国建筑师及本国的文化，如民族特色、地域特色、时代特色都要有充分的展示。

中国文物学会20世纪建筑遗产委员会秘书处供稿

深圳国贸大厦建设大事记

Milestones in the construction of Shenzhen International Trade Centre Building

1981 年 2 月 1 日，深圳市有关部门发出关于统一筹建"深圳国际贸易中心大厦"有关事项的函件。

1981 年 4 月 4 日，深圳市革命委员会办公室发出《关于召开"深圳国际贸易中心大厦"筹备会议的通知》。

1981 年 5 月，国内 37 家集资单位第一次在深圳竹园宾馆召开筹建国贸大厦的会议。

1981 年 6 月 2 日，深圳市计划委员会发出关于建设深圳国际贸易中心大厦的通知。

1981 年 7 月，深圳市人民政府组织深圳国贸大厦设计方案公开竞赛。

1982 年 4 月，深圳国贸大厦破土动工。

1982 年 10 月，深圳国贸大厦主楼地下室开工。

1983 年 3 月 1 日，深圳国贸大厦主体结构开始施工。

1984 年 4 月 30 日，深圳国贸大厦主楼封顶。

1984 年 9 月 3 日，深圳国贸大厦主体工程顺利完成。

1985 年 12 月 29 日，深圳国贸大厦竣工。

1987 年，深圳国贸大厦获评建筑工程鲁班奖。

2016 年 6 月，深圳国贸大厦荣获"深圳文化名片"称号。

2017 年 9 月，深圳国贸大厦入选深圳首批 45 处历史建筑。

2018 年 11 月，深圳国贸大厦入选中国 20 世纪建筑文化遗产名录。

2020 年 9 月 1 日，深圳国际贸易中心历史陈列馆正式开馆。

2021 年 5 月 21 日，"深圳改革开放建筑遗产与文化城市建设研讨会"在深圳国贸大厦 42 层会议厅召开。会议在中国文物学会、中国建筑学会支持下，由中共深圳市委组织部、中共深圳市委宣传部、深圳市规划和自然资源局、深圳市文化广电旅游体育局、中共深圳市龙华区委、龙华区人民政府、中国文物学会 20 世纪建筑遗产委员会主办。

编后记 /
深圳国贸大厦何以成为
应书写的经典

Postscript/
Why Shenzhen International Trade Centre
Building as the classics to be written

历史川流不息，精神代代相传。深圳是国家确定的先行先试改革开放之城，以建筑的名义致敬改革，以经典作品设计的名义致敬城市，是我们建筑学人应有的发现观与使命担当。如果说，以科技进步镌刻当代建筑遗产的记忆，那么它透视的不仅是建筑

中国文物学会 20 世纪建筑遗产委员会专家组一行与中南建筑设计院股份有限公司杨建华总经理（右 5）、桂学文大师（右 7）等合影（2021 年 3 月 31 日·武汉）

文化让城市更美好，还可助推文明升华，赋予创新设计先驱者们一种庄严使命。

对于深圳国贸大厦的定位，《世界的当代建筑经典　深圳国贸大厦建设印记》已经给出了圆满答案。在中国文物学会单霁翔会长创意下，中国建筑学会修龙理事长大力支持，于是 2021 年 5 月 21 日在两个国家级学会的学术支持下，中共深圳市委组织部、宣传部及中国文物学会 20 世纪建筑遗产委员会等主办了一场意义非凡的"深圳改革开放建筑遗产与文化城市建设研讨会"。选择哪里作为会场，也确有过一场"小讨论"：深圳当地领导认为，研讨深圳当代遗产与历史名城大事，应选更现代且更舒适的会堂。但会议秘书处表示，之所以要在深圳国贸大厦开会，不仅因为它于 2018 年入选"中国 20 世纪建筑遗产项目"，更在于它背后拥有的与深圳改革开放一同走来的"建筑史"以及其"场所精神"对中外城市产生的影响力。

记忆中，那天会议上，在单霁翔会长、市委领导、修龙理事长领衔致辞后，马国馨院士、何镜堂院士及十多位全国著名设计大师与设计单位总师分述对深圳国贸大厦价值、对深圳当代建筑"申遗"，整体进入国家历史文化名城的见解。中南设计院、中建三局、国贸物业管理公司代表，还就深圳国贸大厦设计、施工创新以及 37 年管理坚守所付出的努力进行发言。作为该活动的执行策划与会议主持人，我在感悟会议主题时越发明白，尚年轻的深圳现当代建筑也可构成一部建筑"史学书"，因为它有创新不止的设计精神年谱，其城市设计之路及成群的楼宇是改革开放呈现的文明结晶。深圳国贸大厦显露的历史价值、创新的科技价值乃至在当时体现的设计美学价值，都经过了时间的考验与洗礼，令人感慨。深圳国贸大厦建设不是虚拟的历史，而是立体的"教科书"。如果建筑可以说话，相信它会道尽那些人们的坚持与选择，折射出有温暖的人文"故事"。

深刻感悟深圳会议的特殊价值，我撰写了《深圳当代经典建筑"申遗"的五大理由》（《建筑设计管理》2021 年 7 期）及《深圳当代建筑遗产工作需要接纳创新的理念》（《中国文物报》2021 年 8 月 13 日七版），回答了以深圳国贸大厦为代表的中国 20 世纪建筑遗产项目的建设价值。事实上，自 2021 年 7 月中下旬我们即启动与中南设计院的合作，将深圳国贸大厦纳入"中国 20 世纪建筑遗产项目·文化系列"图书计划中，得到中南设计院李霆董事长、杨剑华总经理的支持、信任与肯定。为此，中国文物学会 20 世纪建筑遗产委员会秘书处与《中国建筑文化遗产》

单霁翔会长在深圳改革开放建筑遗产与文化城市建设研讨会中做报告（2021 年 5 月 21 日于深圳国贸大厦 42 层）

《世界的当代建筑经典　深圳国贸大厦建设印记》编写组与袁培煌大师合影（2021 年 12 月 28 日·武汉）

编辑部组成编撰团队，自 2021 年 7 月至 2022 年元月先后开展了如下工作。

全面采集深圳国贸大厦以设计为主的历史资料；2021 年 8 月组织建筑摄影师团队赴深圳国贸大厦拍摄室内外建筑与景观；9 月在中南院召开"第六批中国 20 世纪建筑遗产项目推介公布暨建筑遗产传承与创新研讨会筹备会"，倾听樊小卿院长等设计师讲述当年的故事；通过中建三局及深圳国贸大厦物业管理展览搜集相关资料；编辑部撰写并整合文稿，积极开展版式设计；12 月下旬为丰富图书内容并提升可读性，秘书处再赴中南院拜访全国工程勘察设计大师袁培煌总……

目前，国内有关新城建设的图书不少，但《世界的当代建筑经典　深圳国贸大厦建设印记》一书的编撰思路是特殊的：其选题的视角也许会令人震惊，因为它回答了深圳何以有建筑遗产；其评述的语言会引人思考，也令人信服，为全国业界超高层建筑科学化设计带了好头；其所蕴含的理性思考与人文沉淀不仅留存在建筑之中，设计前辈的内化于心、外化于行的技艺，确使该项目既铭刻历史信息，也检视现实。如果说深圳是不缺新知的城市，那么我恰恰认为体现设计为灵魂的《世界的当代建筑经典　深圳国贸大厦建设印记》一书，所展示的亦设计、亦施工、亦管理、亦运维的深圳国贸大厦的当代遗产性，既给先行先试的深圳乃至粤港澳大湾区注入人文洗礼下的建筑遗产灵魂，也让"解放思想、实事求是、敢闯敢试、勇于创新、互利合作、命运与共"的改革开放精神得到充分的专业诠释。无疑，本书应成为理解深圳文化建设代表性建筑的重要"读本"。

　　建筑师、工程师是城市空间的创造者。如果说文化让城市更美好，那么设计师便在传承城市风貌和文化多样性中起到了重要作用，2021年9月《长江日报》发表题为《从深圳国贸大厦到"雷神山"，它的设计照见历史》的文章，让业界了解2021年已有69年历史的中南设计院在全国响当当的代表作品与"大事件"。《世界的当代建筑经典　深圳国贸大厦建设印记》一书是70载中南院人的改革创业与奋斗创新史的一个最好注脚，相信它的问世不仅填补迄今尚无深圳国贸大厦读本的"空白"，更将在中国建筑文博界使20世纪建筑遗产项目得到广泛传播，使之成为中国当代建筑师们瞩目的话题。

金磊
中国建筑学会建筑评论学术委员会副理事长
中国文物学会20世纪建筑遗产委员会副会长、秘书长
《中国建筑文化遗产》《建筑评论》"两刊"总编辑
2021年12月30日

《世界的当代建筑经典　深圳国贸大厦建设印记》编委会

主编单位	中南建筑设计院股份有限公司
	中国文物学会 20 世纪建筑遗产委员会
学术顾问	吴良镛　谢辰生　关肇邺　傅熹年　彭一刚　陈志华　张锦秋　程泰宁　何镜堂
	郑时龄　费　麟　刘景樑　王小东　王瑞珠　黄星元　袁培煌　樊小卿
名誉主编	单霁翔　修　龙　马国馨
编委会主任	单霁翔
编委会副主任	李　霆
主编	杨剑华　金　磊
策划	金　磊
编委	王建国　徐全胜　付清远　孙宗列　孙兆杰　伍　江　刘伯英　刘克成　刘若梅
	刘　谞　庄惟敏　邵韦平　邱　跃　何智亚　张立方　张　宇　张　兵　张　杰
	张　松　张大玉　李秉奇　杨　瑛　陈　薇　陈　雳　陈　雄　季也清　赵元超
	徐　锋　郭卫兵　殷力欣　周　岚　周　恺　孟建民　金卫钧　常　青　崔　愷
	梅洪元　奚江琳　路　红　韩振平　叶依谦　李　琦　桂学文　李春舫　刘声向
	周鹏华　万大勇
执行主编	李　沉　蔡　菁　刘炳清　苗　淼　朱有恒
执行编辑	李　沉　毛佩玲　苗　淼　朱有恒　董晨曦　殷力欣　金维忻　文江涛　明　磊
	汪小东　李　娟　宁叶子　彭　飞　王　浩
美术编辑	朱有恒　董晨曦
建筑摄影	万玉藻　李　沉　朱有恒　金　磊　等
	（部分图片由中南建筑设计院股份有限公司、中国建筑第三工程局有限公司、深圳物业集团公司提供）
特别鸣谢	中南建筑设计院股份有限公司、湖北华中建筑杂志有限责任公司、中国建筑第三工程局有限公司、中建三局第一建设工程有限责任公司、深圳市龙华区文化广电旅游总局、深圳市物业发展（集团）股份有限公司、深圳市国贸物业管理有限公司国贸大厦管理处、深圳市国贸餐饮有限公司、深圳前海华夏传媒有限公司总经理唐鹏

参考文献

[1] 深圳市住房和建设局、深圳市土木建筑学会 . 深圳土木 40 年 [M]. 北京：中国建筑工业出版社，2019.

[2] 王宏甲，许名波 . 敢为天下先 [M]. 武汉：长江文艺出版社，2017.

[3] 许名波 . 从深圳到雄安 [M]. 北京：红旗出版社，2020.